Pooja Vats

O legado dos matemáticos indianos: Pioneiros da Matemática Moderna

Pooja Vats

O legado dos matemáticos indianos: Pioneiros da Matemática Moderna

ScienciaScripts

Cover image: www.ingimage.com

This book is a translation from the original published under ISBN 978-620-7-47641-1.

Publisher:
Sciencia Scripts
is a trademark of
Dodo Books Indian Ocean Ltd. and OmniScriptum S.R.L publishing group

120 High Road, East Finchley, London, N2 9ED, United Kingdom
Str. Armeneasca 28/1, office 1, Chisinau MD-2012, Republic of Moldova, Europe
Printed at: see last page
ISBN: 978-620-7-87439-2

"O legado dos matemáticos indianos: Pioneiros da Matemática Moderna"

Por

Dr. POOJA VATS

Universidade K.R. Mangalam, Gurugram, Haryana-122103, Índia

PREFÁCIO

Na intrincada tapeçaria do conhecimento humano, a matemática é um fio radiante, tecendo através do tecido da história, da cultura e do intelecto. Neste grande mosaico, as contribuições dos matemáticos indianos brilham com um fulgor que transcende o tempo e o espaço. É com profunda reverência e fascínio sem limites que embarcamos numa viagem através dos domínios da matemática indiana - uma viagem que promete revelar a profunda sabedoria, engenho e legado duradouro de uma civilização impregnada de esplendor intelectual.

Este livro procura iluminar os extraordinários feitos dos matemáticos indianos ao longo dos tempos, desde as antigas raízes da numerologia védica até às alturas medievais da Escola de Kerala. Através de uma investigação meticulosa e de uma admiração sincera, pretendemos captar a essência da matemática indiana - não apenas como uma coleção de teoremas e fórmulas, mas como um testemunho da busca incessante do espírito humano pela compreensão e pelo esclarecimento.

Ao percorrermos a paisagem da matemática indiana, deparamo-nos com uma tapeçaria tecida com fios de filosofia, espiritualidade e investigação cósmica. Mergulhamos nas profundezas dos textos antigos, explorando a riqueza simbólica dos Vedas, a precisão geométrica dos Sulba Sutras e a elegância algébrica dos tratados de Aryabhata. Ficamos maravilhados com a perspicácia matemática de luminares como Brahmagupta, Bhaskara e Madhava, cujos conhecimentos continuam a ressoar através dos corredores do tempo.

Com o mais profundo respeito pelos luminares da matemática indiana e uma gratidão sem limites pelo legado duradouro que legaram à humanidade.

Com gratidão,

Dr. Pooja Vats

Índice

Capítulo 1: Introdução à matemática indiana

Na vasta tapeçaria das realizações intelectuais humanas, a matemática indiana surge como um fio radiante, tecido intrincadamente no tecido da antiguidade. Enraizada em antigas tradições culturais e filosóficas, a matemática indiana transcende a mera computação numérica, abraçando uma visão holística do cosmos e da natureza fundamental da realidade.

1.1 Fundações antigas

A viagem da matemática indiana começa nas brumas da antiguidade, no meio das planícies férteis da civilização do Vale do Indo. Florescendo por volta de 3000 a.C., esta antiga civilização deixou atrás de si vestígios tentadores de sistemas numéricos e motivos geométricos, sugerindo uma compreensão incipiente dos conceitos matemáticos.

Embora os vestígios arqueológicos do Vale do Indo ofereçam uma visão intrigante das primeiras práticas matemáticas, é nas tradições filosóficas e religiosas da Índia antiga que encontramos as verdadeiras sementes da investigação matemática. Nos hinos sagrados dos Vedas, os textos fundamentais do hinduísmo, encontram-se símbolos numéricos e princípios matemáticos que reflectem as necessidades pragmáticas de uma sociedade em crescimento.

Os Vedas, compostos entre 1500 a.C. e 500 a.C., contêm hinos que exaltam as verdades espirituais, ao mesmo tempo que codificam conhecimentos matemáticos. Desde a repetição rítmica dos mantras até às disposições geométricas dos altares de sacrifício, os Vedas estão imbuídos de um simbolismo matemático que sublinha a interligação da ordem cósmica.

Em particular, o Rigveda, o mais antigo dos Vedas, contém versos que evocam conceitos numéricos como a contagem, a enumeração e o conceito de infinito. Estes hinos, apesar de se ocuparem principalmente de temas ritualísticos e cosmológicos, lançam as bases para desenvolvimentos matemáticos posteriores no pensamento indiano.

Para além do Rigveda, os outros Vedas e os seus textos associados - como o Samaveda, o Yajurveda e o Atharvaveda - também contêm alusões matemáticas e representações simbólicas. Seja no contexto de cálculos astronómicos, construções geométricas ou misticismo numérico, os Vedas servem como repositório de sabedoria matemática que mais tarde encontraria expressão em tratados e comentários mais sistemáticos.

Assim, os antigos fundamentos da matemática indiana assentam nos pilares gémeos da devoção religiosa e da curiosidade intelectual. Ao embarcarmos nesta viagem através dos anais da história da matemática indiana, recordemos a profunda influência dos Vedas e o legado duradouro que deixaram ao mundo dos números.

1.2 Matemática védica

A Matemática Védica, como o nome sugere, refere-se ao conhecimento e técnicas matemáticas encontradas nos Vedas, as antigas escrituras do Hinduísmo. Embora o termo "Matemática Védica" tenha ganho proeminência no século XX com a publicação de obras de Bharati Krishna Tirtha e outros, os princípios e métodos que engloba têm raízes nos antigos textos Védicos, particularmente nos Sutras e Samhitas.

No coração da Matemática Védica encontra-se um sistema de cálculos mentais e atalhos concebidos para acelerar as operações aritméticas. Acredita-se que estas técnicas, caracterizadas pela sua simplicidade, elegância e eficiência, tenham sido desenvolvidas e transmitidas oralmente por antigos sábios e académicos.

Um dos textos mais conhecidos associados à matemática védica é o "Sankhya Shastra", uma parte do Atharvaveda que trata de enumerações, aritmética e progressões geométricas. No Sankhya Shastra, os conceitos numéricos são expressos através de versos poéticos e dispositivos mnemónicos, fornecendo aos praticantes uma estrutura para o cálculo mental e a resolução de problemas.

Os princípios fundamentais da Matemática Védica estão encapsulados num conjunto de 16 Sutras, ou aforismos, e seus correspondentes sub-sutras. Estes Sutras servem como auxiliares mnemónicos, guiando os praticantes através de várias operações matemáticas com notável rapidez e precisão. Alguns dos principais Sutras incluem:

1. Ekadhikena Purvena (Por mais um do que o anterior): Este Sutra facilita a multiplicação, decompondo os números em componentes mais simples e aplicando passos iterativos.

2. Nikhilam Navatascaramam Dasatah (Todos a partir de 9 e o último a partir de 10): Este Sutra fornece um método para a subtração, complementando os números com uma base e depois subtraindo.

3. Urdhva-Tiryagbhyam (Vertical e Transversal): Este Sutra permite a multiplicação de números através da combinação de passos de multiplicação

verticais e diagonais.

Estes Sutras, juntamente com os seus sub-sutras associados, cobrem uma vasta gama de operações matemáticas, incluindo adição, subtração, multiplicação, divisão, quadratura e extração de raiz quadrada. Ao dominarem estas técnicas, os praticantes de Matemática Védica são capazes de efetuar cálculos complexos mentalmente e com uma velocidade notável.

Embora as origens históricas da Matemática Védica continuem a ser objeto de debate entre os académicos, a sua popularidade duradoura e utilidade prática não podem ser negadas. Nos últimos anos, a Matemática Védica tem registado um ressurgimento de interesse, tanto na Índia como no estrangeiro, com entusiastas e educadores a explorarem as suas aplicações no contexto moderno.

Quer seja vista como uma curiosidade histórica, uma herança cultural ou uma ferramenta prática para a aritmética mental, a Matemática Védica continua a cativar a imaginação e a inspirar as novas gerações a explorar as possibilidades ilimitadas da investigação matemática.

1.3 Os Sutras de Sulba: Geometria e Ritual

Na rica tapeçaria da antiga literatura matemática indiana, os Sulba Sutras destacam-se como textos fundamentais que fazem a ponte entre os domínios da geometria, do ritual e da cosmologia. Compostos entre os séculos VIII e V a.C., estes textos fazem parte do corpus mais vasto da literatura védica e estão associados aos Kalpa Sutras, que definem as regras e os procedimentos dos rituais védicos.

O termo "Sulba Sutras" deriva das palavras sânscritas "Sulba", que significa "corda" ou "medida", e "Sutra", que denota um aforismo ou regra concisa. Como tal, os Sulba Sutras são manuais de construção geométrica, fornecendo instruções detalhadas para a construção de altares rituais e fogueiras utilizadas nas cerimónias védicas. No entanto, também contêm princípios geométricos profundos e técnicas matemáticas que prefiguram desenvolvimentos posteriores na matemática indiana.

No centro dos Sulba Sutras está o conceito de "Brahma-sthana", ou o ponto central, que serve como ponto focal para a construção de altares védicos. As construções geométricas descritas nos Sulba Sutras são baseadas em princípios matemáticos precisos, incluindo o uso de cordas ou cordões para estabelecer medidas proporcionais e formas geométricas.

Entre os mais famosos Sulba Sutras encontram-se os atribuídos a Baudhayana e Apastamba, dois antigos eruditos indianos que deram contributos significativos para a geometria e a matemática.

O Sulba Sutra de Baudhayana, composto por volta do século VIII a.C., contém construções geométricas para altares rectangulares e quadrados, bem como métodos para a construção de altares com formas de animais e aves. A obra de Baudhayana também inclui uma aproximação da raiz quadrada de 2, conhecida como o "teorema de Baudhayana", que demonstra uma compreensão dos números irracionais.

O Sulba Sutra de Apastamba, datado de um período ligeiramente posterior, expande a obra de Baudhayana e introduz outras construções geométricas e técnicas matemáticas. Nomeadamente, Apastamba fornece métodos para a construção de altares com rácios de aspeto não inteiros, demonstrando uma compreensão sofisticada das proporções geométricas.

Para além da sua utilidade prática em contextos ritualísticos, os Sulba Sutras representam uma síntese notável do pensamento matemático e filosófico. Através das suas construções geométricas e princípios matemáticos, estes textos revelam percepções sobre a natureza da simetria, proporção e harmonia - conceitos que ressoam profundamente com a visão filosófica mais alargada do mundo da Índia antiga.

Embora os Sulba Sutras possam parecer manuais esotéricos de geometria ritualística, eles incorporam uma profunda compreensão dos princípios matemáticos e sua aplicação em contextos práticos e simbólicos. Como tal, servem de testemunho do engenho e da sofisticação intelectual da antiga civilização indiana, lançando as bases para futuros avanços na matemática e na geometria.

1.4 Períodos Pré-Clássico e Clássico

Os períodos pré-clássico e clássico da matemática indiana representam uma época de notável fermentação intelectual e inovação, caracterizada pela consolidação e expansão do conhecimento matemático em vários domínios. Abrangendo aproximadamente o século V a.C. até ao século XII d.C., esta era testemunhou o florescimento da erudição matemática na Índia, com contribuições notáveis em álgebra, geometria, aritmética e astronomia.

Durante o período pré-clássico, os matemáticos indianos basearam-se nas fundações lançadas por estudiosos anteriores, tais como as encontradas nos Vedas e nos Sulba

Sutras. Este período assistiu ao aparecimento de tratados matemáticos influentes, incluindo os trabalhos de académicos como Katyayana, Panini e Pingala.

Um dos desenvolvimentos mais significativos do período pré-clássico foi o aperfeiçoamento da notação matemática e da linguagem. Estudiosos como Panini, no seu tratado de gramática conhecido como "Ashtadhyayi", introduziram regras sistemáticas para a análise linguística, que lançaram as bases para o desenvolvimento da notação algébrica e da representação simbólica na matemática.

O período clássico, que vai do século V d.C. ao século XII d.C., representa o auge das realizações matemáticas na Índia antiga. Durante este período, os matemáticos indianos fizeram descobertas inovadoras e avanços em vários ramos da matemática, moldando o curso da investigação matemática nos séculos seguintes.

As figuras-chave do período clássico incluem Aryabhata, Brahmagupta e Bhaskara, cujas obras seminais revolucionaram a álgebra, a trigonometria e a aritmética. Aryabhata, no seu tratado "Aryabhatiya", introduziu o conceito de zero e desenvolveu um método computacional para cálculos astronómicos, lançando as bases para futuros avanços na astronomia e matemática indianas.

Brahmagupta, na sua obra magna "Brahmasphutasiddhanta", deu contributos significativos para a álgebra, incluindo regras para operações aritméticas com zero e números negativos. A obra de Brahmagupta também explorou soluções para equações quadráticas e forneceu interpretações geométricas de conceitos algébricos.

Bhaskara, conhecido como Bhaskara II ou Bhaskaracharya, fez avançar ainda mais o campo da matemática com os seus tratados "Lilavati" e "Bijaganita". Nestas obras, Bhaskara elucidou métodos para resolver equações indeterminadas, desenvolveu técnicas de cálculo e explorou as propriedades dos números e das formas geométricas.

Os períodos pré-clássico e clássico da matemática indiana representam uma época dourada de investigação e descoberta intelectual, caracterizada por um espírito de curiosidade, exploração e inovação. As realizações dos matemáticos indianos durante este período lançaram as bases para futuros desenvolvimentos na matemática e desempenharam um papel crucial na formação do panorama matemático global.

1.5 A Escola de Kerala e a Era dos Descobrimentos

No meio das paisagens luxuriantes do sul da Índia, durante o período medieval que decorreu entre os séculos XIV e XVI d.C., deu-se um notável renascimento da matemática - a Escola de Matemática de Kerala. Situada no vibrante meio intelectual de Kerala, esta escola de pensamento floresceu, produzindo uma constelação de académicos cujos contributos para a matemática estavam à frente do seu tempo e lançaram as bases para os avanços posteriores neste domínio.

No centro das inovações matemáticas da Escola de Kerala estava a disciplina do cálculo, séculos antes da sua formalização no mundo ocidental. Liderados por personalidades como Madhava de Sangamagrama, Nilakantha Somayaji e Jyeshtadeva, os académicos da Escola de Kerala desenvolveram métodos inovadores para o cálculo de derivadas, integrais e expansões de séries infinitas.

Madhava de Sangamagrama, frequentemente aclamado como o fundador da Escola de Kerala, fez contribuições pioneiras para o cálculo e a análise matemática. No seu trabalho seminal, o "Yuktibhasa", Madhava apresentou expansões em série para funções trigonométricas, incluindo o seno, o cosseno e a arctangente, utilizando o que é agora conhecido como a série de Madhava-Leibniz. Estes desenvolvimentos prefiguraram o trabalho posterior de matemáticos europeus como Isaac Newton e Gottfried Wilhelm Leibniz, que desenvolveram independentemente o cálculo no século XVII.

Com base nos fundamentos de Madhava, Nilakantha Somayaji aperfeiçoou ainda mais as técnicas de cálculo e de expansão de séries infinitas. No seu tratado "Tantrasangraha", Nilakantha introduziu métodos para calcular a órbita dos corpos celestes, incluindo a lua e os planetas, utilizando séries infinitas. O seu trabalho antecipou o desenvolvimento posterior da astronomia matemática e desempenhou um papel crucial no avanço do conhecimento astronómico indiano.

Jyeshtadeva, outro proeminente matemático da Escola de Kerala, contribuiu para o aperfeiçoamento das técnicas matemáticas e para a expansão do conhecimento matemático. A sua obra "Yuktibhasa Vrittam", um comentário sobre o "Yuktibhasa" de Madhava, forneceu novos conhecimentos sobre cálculo e expansões de séries infinitas, consolidando as realizações da Escola de Kerala e assegurando a sua transmissão às gerações futuras.

O legado da Escola de Kerala estende-se para além das fronteiras da matemática, abrangendo diversos domínios como a astronomia, a astrologia e a cosmologia. Através da sua rigorosa investigação matemática e técnicas inovadoras, os académicos da Escola de Kerala abriram novos caminhos para o conhecimento e expandiram os horizontes da compreensão humana.

As contribuições da Escola de Kerala para a matemática e a ciência sublinham a natureza global do intercâmbio intelectual e o impacto duradouro da fertilização intercultural. Ao reflectirmos sobre as realizações destes académicos pioneiros, reconhecemos o seu papel na definição do curso da história da matemática e na abertura do caminho para as futuras gerações de matemáticos explorarem os domínios ilimitados da investigação matemática.

1.6 O fio condutor: Filosofia e Matemática

Na rica tapeçaria da tradição intelectual indiana, as disciplinas da filosofia e da matemática estão entrelaçadas como fios de um tecido vibrante, cada uma enriquecendo e informando a outra num diálogo interminável de ideias. Desde os primeiros textos dos Vedas até aos sofisticados tratados dos académicos medievais, a matemática indiana tem estado imbuída de ideias filosóficas, enquanto a investigação filosófica tem sido frequentemente expressa através do simbolismo e rigor matemáticos.

No centro desta união está uma busca partilhada da verdade, da beleza e da compreensão - uma busca que transcende as fronteiras das disciplinas individuais e abraça a visão holística da realidade que caracteriza o pensamento indiano. Através da lente da filosofia, a matemática torna-se não apenas uma ferramenta de cálculo, mas uma linguagem para explorar a natureza fundamental da existência e os mistérios do cosmos.

Um dos principais conceitos filosóficos que permeia a matemática indiana é a noção de unidade na diversidade, expressa através da ideia de "Advaita" ou não-dualidade. Tal como todos os fenómenos são vistos como manifestações da unidade subjacente de Brahman na filosofia Advaita Vedanta, a matemática procura descobrir a unidade subjacente que une os reinos aparentemente díspares dos números, formas e padrões.

Esta perspetiva filosófica encontra expressão em conceitos matemáticos como o infinito, que representa a natureza ilimitada e indivisível da realidade, e o zero, que simboliza tanto o vazio como a plenitude, a ausência e a potencialidade. O conceito de "Shunya" ou zero, por exemplo, tem um profundo significado filosófico no pensamento indiano, representando o vazio a partir do qual toda a criação surge e para o qual todas as coisas acabam por regressar.

Do mesmo modo, a noção de ciclicidade e recorrência, central tanto para a filosofia indiana como para a matemática, encontra expressão em ideias matemáticas como a periodicidade, as relações de recorrência e a natureza cíclica do tempo. Tal como os ciclos de nascimento, morte e renascimento são fundamentais para o conceito hindu de "Samsara", também os padrões matemáticos de repetição e regeneração são tecidos no tecido da teoria dos números e da geometria.

Para além destes conceitos filosóficos abstractos, a matemática indiana também reflecte ideias metafísicas mais profundas sobre a natureza da realidade e a condição humana. Conceitos como "Karma" ou a lei de causa e efeito encontram análogos matemáticos em equações e algoritmos, enquanto a procura da libertação ou "Moksha" se reflecte na procura da verdade e da beleza matemáticas.

Desta forma, a filosofia e a matemática na tradição indiana formam um continuum contínuo de investigação, cada uma lançando luz sobre a outra e enriquecendo a nossa compreensão do universo e do nosso lugar nele. Ao explorarmos as realizações dos matemáticos e filósofos indianos, lembramo-nos da profunda interligação do conhecimento humano e das infinitas possibilidades que surgem quando unimos os fios díspares do pensamento num todo coerente e harmonioso.

1.7 Para além das fronteiras: Influência e legado

A influência da matemática indiana estende-se muito para além das fronteiras do subcontinente indiano, permeando diversas culturas e deixando uma marca indelével na paisagem matemática global. Desde a antiguidade até aos dias de hoje, as ideias e inovações dos matemáticos indianos inspiraram académicos, profissionais e entusiastas em todo o mundo, moldando o curso da investigação matemática e enriquecendo a tapeçaria do conhecimento humano.

1.7.1 Transmissão de conhecimentos

Ao longo da história, as ideias matemáticas indianas viajaram ao longo das vastas redes de comércio, migração e intercâmbio cultural, chegando a costas distantes e influenciando o desenvolvimento da matemática nas regiões vizinhas. A difusão dos conhecimentos matemáticos indianos em locais como a China, o mundo islâmico e o Sudeste Asiático facilitou o diálogo intercultural e o enriquecimento mútuo, promovendo um intercâmbio dinâmico de ideias e técnicas matemáticas.

1.7.2 Contribuições para a matemática global

Os matemáticos indianos deram contributos significativos para vários ramos da matemática, incluindo a álgebra, a geometria, a trigonometria e o cálculo. A introdução da notação do zero e do valor decimal revolucionou os sistemas numéricos e lançou as bases da aritmética e da álgebra modernas. O trabalho pioneiro da Escola de Kerala em cálculo antecipou em séculos os desenvolvimentos europeus, moldando a trajetória da análise matemática e do cálculo.

1.7.3 Conexões culturais e filosóficas

A relação simbiótica entre a matemática e a filosofia indiana é uma caraterística do pensamento matemático indiano. Conceitos como o zero, o infinito e a natureza cíclica do tempo encontraram expressão não só em tratados matemáticos, mas também em textos filosóficos como os Upanishads e o Vedanta. A interligação da matemática, da espiritualidade e da cosmologia sublinha a visão holística do mundo da civilização indiana e continua a inspirar a investigação e a exploração interdisciplinares.

1.7.4 Revivalismo moderno e reconhecimento

Nas últimas décadas, tem havido um interesse renovado no estudo e na apreciação da matemática indiana, tanto na Índia como na cena mundial. Os esforços para reavivar técnicas matemáticas antigas, promover a investigação interdisciplinar e celebrar os contributos dos matemáticos indianos ganharam ímpeto, fomentando uma compreensão mais profunda do património matemático da Índia e da sua relevância para os estudos contemporâneos.

1.7.5 Legado duradouro

O legado da matemática indiana perdura como um testemunho do poder do engenho humano e da universalidade da investigação matemática. Desde as inovações conceptuais dos antigos sábios até às proezas computacionais dos académicos medievais, a matemática indiana continua a inspirar espanto e admiração, recordando-nos a profunda beleza e elegância inerentes ao raciocínio matemático.

Capítulo 2: A Idade de Ouro da Matemática Indiana

Durante os períodos clássico e medieval da história da Índia, aproximadamente entre os séculos V e XII d.C., a matemática indiana viveu uma época de ouro marcada por avanços e realizações intelectuais sem precedentes. Esta era testemunhou o florescimento dos estudos matemáticos em várias regiões do subcontinente indiano, com os estudiosos a darem contributos inovadores para a álgebra, a geometria, a trigonometria e a astronomia. Neste capítulo, mergulhamos na vibrante tapeçaria da investigação matemática que caracterizou a idade de ouro da matemática indiana, explorando as vidas e as obras de matemáticos influentes cujas ideias continuam a inspirar admiração e espanto.

2.1 Aryabhata: Astrónomo e matemático pioneiro

Fig1: (Aryabhata: astrónomo e matemático pioneiro)https://en.m.wikipedia.org/wiki/File:Aryabhata-5_%281%29.jpg

Aryabhata, nascido em 476 d.C. na região de Kusumapura (atual Patna), é celebrado como um dos matemáticos e astrónomos mais influentes da Índia antiga. O seu trabalho seminal, o "Aryabhatiya", composto por volta de 499 d.C., representa um momento decisivo na história da matemática e da astronomia indianas.

As contribuições de Aryabhata para a astronomia revolucionaram a compreensão do movimento celeste e das posições planetárias. No "Aryabhatiya", propôs um modelo heliocêntrico do sistema solar, em que a Terra gira sobre o seu eixo e orbita o Sol. Este conceito, séculos à frente do seu tempo, desafiou os pontos de vista geocêntricos prevalecentes e lançou as bases para as teorias astronómicas posteriores.

Para além dos seus conhecimentos astronómicos, Aryabhata deu contributos significativos para a matemática. Introduziu a notação e o simbolismo algébricos, fornecendo métodos concisos para exprimir ideias matemáticas e resolver equações. O trabalho de Aryabhata sobre álgebra incluiu soluções para equações quadráticas, fórmulas para calcular raízes quadradas e técnicas para resolver equações lineares.

Um dos legados mais duradouros de Aryabhata é a sua aproximação do valor de pi (л). Propôs um valor exato para я como 3,1416 e desenvolveu um método para calcular a circunferência de um círculo com base nesta aproximação. A aproximação de л feita por Aryabhata, embora não tão precisa como os cálculos modernos, demonstrou o seu notável engenho matemático e abriu caminho a futuros avanços na análise matemática.

A influência de Aryabhata estendeu-se para além das fronteiras da Índia, chegando a regiões vizinhas como o mundo islâmico e influenciando o desenvolvimento da astronomia islâmica. O seu trabalho inspirou estudiosos como Al-Khwarizmi, cujas contribuições para a matemática e a astronomia foram fundamentais para moldar o curso da investigação científica na Idade de Ouro islâmica.

Em conclusão, Aryabhata é uma figura imponente nos anais da matemática e da astronomia indianas. As suas ideias pioneiras sobre o movimento celeste, as técnicas algébricas e a notação matemática lançaram as bases para futuros avanços nestes domínios e deixaram uma marca indelével na tradição matemática mundial. O legado de Aryabhata continua a inspirar gerações de matemáticos e astrónomos, servindo como um farol de investigação científica e curiosidade intelectual.

2.2 Brahmagupta: O Pai da Álgebra

Fig 2: Brahmagupta: O Pai da Álgebra(https://vedicmathschool.org/brahmagupta/)

Brahmagupta, nascido em 598 d.C. na cidade de Ujjain, é venerado como um dos matemáticos e astrónomos mais influentes da Índia antiga. Ganhou o título de "O Pai da Álgebra" pelas suas contribuições inovadoras para o campo da álgebra, que transformaram o pensamento matemático e lançaram as bases para futuros desenvolvimentos na disciplina.

Na sua obra seminal, o "Brahmasphutasiddhanta", concluída por volta de 628 d.C., Brahmagupta introduziu conceitos revolucionários que revolucionaram o raciocínio algébrico. Um dos seus contributos mais notáveis foi a introdução do zero como um espaço reservado numérico, juntamente com regras para operações aritméticas envolvendo zero e números negativos. Esta inovação teve implicações de grande alcance, levando ao desenvolvimento do sistema de valores decimais e facilitando a manipulação de expressões algébricas.

O trabalho de Brahmagupta sobre equações algébricas foi igualmente inovador. Apresentou soluções para equações quadráticas, incluindo raízes positivas e negativas, e desenvolveu métodos para resolver equações lineares indeterminadas. A sua abordagem sistemática à resolução de problemas algébricos, associada à sua exposição clara e concisa de conceitos matemáticos, valeu-lhe a aclamação como pioneiro no domínio da álgebra.

Para além dos seus contributos para a álgebra, Brahmagupta fez avanços significativos na geometria. Explorou as propriedades das formas geométricas e dos sólidos, desenvolvendo teoremas relacionados com quadriláteros cíclicos e construções geométricas. Os seus conhecimentos geométricos complementaram o seu trabalho algébrico, demonstrando a interligação das disciplinas matemáticas e o poder do raciocínio matemático.

A influência de Brahmagupta estendeu-se muito para além das fronteiras da Índia, chegando aos estudiosos do mundo islâmico e da Europa através das traduções das suas obras. As suas técnicas algébricas e teoremas geométricos foram incorporados na matemática islâmica e mais tarde transmitidos à Europa, onde desempenharam um papel crucial no desenvolvimento da matemática medieval e renascentista.

Em conclusão, o legado de Brahmagupta como o "Pai da Álgebra" é um testemunho do seu profundo impacto no desenvolvimento do pensamento matemático. As suas ideias inovadoras, metodologias rigorosas e exposição clara de conceitos matemáticos lançaram as bases para as futuras gerações de matemáticos e abriram caminho para o avanço do raciocínio algébrico. As contribuições de Brahmagupta continuam a inspirar académicos e matemáticos em todo o mundo, servindo como um farol de investigação intelectual e inovação matemática.

2.3 Bhaskara II: Luminária do Cálculo e da Astronomia

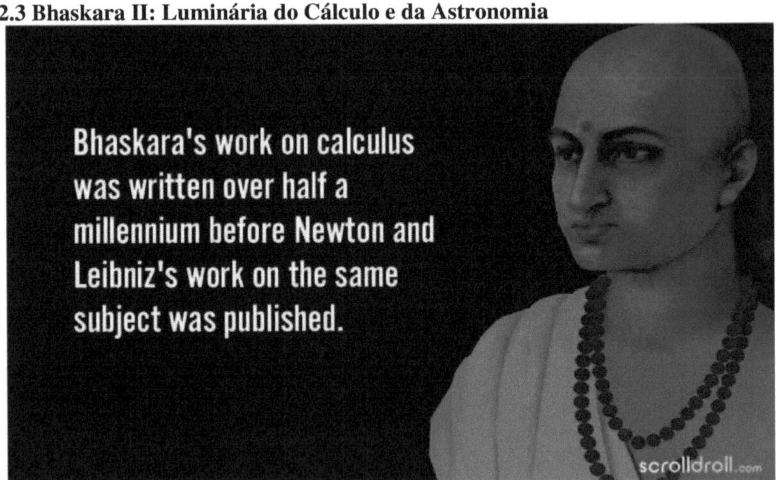

Fig3: Bhaskara II: Luminária de Cálculo e Astronomia

(https://www.scrolldroll.com/facts-about- bhaskaracharya/#google_vignette)

Bhaskara II, também conhecido como Bhaskaracharya, foi um matemático e astrónomo de renome que viveu na Índia durante o século XII d.C.. É celebrado como um luminar nos domínios do cálculo e da astronomia, tendo dado contributos significativos que prefiguraram desenvolvimentos posteriores nestas disciplinas.

Uma das obras mais notáveis de Bhaskara II é o "Lilavati", um tratado de aritmética e geometria que recebeu o nome da sua filha. Neste texto, Bhaskara II apresentou métodos inovadores para a resolução de problemas matemáticos, incluindo técnicas de cálculo de juros, determinação de alturas auspiciosas para rituais e resolução de equações quadráticas. O "Lilavati" exemplifica o domínio de Bhaskara II das técnicas matemáticas e a sua capacidade de as aplicar a problemas práticos.

As contribuições de Bhaskara II para o cálculo são particularmente dignas de nota. No seu tratado "Bijaganita", desenvolveu novos métodos para o cálculo de derivadas e equações diferenciais, antecedendo em vários séculos os desenvolvimentos europeus no domínio do cálculo. As técnicas de cálculo de Bhaskara II permitiram-lhe resolver problemas relacionados com o movimento planetário e fenómenos celestes com uma precisão notável, demonstrando a sua profunda compreensão da análise matemática.

Para além dos seus feitos matemáticos, Bhaskara II fez contribuições significativas para a astronomia. Desenvolveu modelos precisos para prever posições planetárias, eclipses e outros acontecimentos celestes, com base em dados de observação e cálculos matemáticos. Os conhecimentos astronómicos de Bhaskara II ajudaram a aperfeiçoar as teorias astronómicas existentes e lançaram as bases para futuros avanços neste campo.

A influência de Bhaskara II estendeu-se para além das fronteiras da Índia, chegando aos estudiosos do mundo islâmico e da Europa através das traduções das suas obras. As suas contribuições para o cálculo e a astronomia foram fundamentais para moldar o curso da investigação matemática nos séculos seguintes, influenciando estudiosos como Isaac Newton e Johannes Kepler.

Em conclusão, o legado de Bhaskara II como um luminar do cálculo e da astronomia é um testemunho do seu intelecto excecional e das suas proezas matemáticas. Os seus métodos inovadores, a sua análise rigorosa e os seus conhecimentos profundos continuam a inspirar matemáticos e astrónomos em todo o mundo, sublinhando a relevância duradoura das suas contribuições para o avanço do conhecimento humano. A obra de Bhaskara II continua a ser uma pedra angular da matemática indiana e um exemplo brilhante dos feitos notáveis dos antigos académicos indianos.

2.4 Contribuições para a Trigonometria e a Geometria

Os matemáticos indianos deram contributos significativos para os domínios da trigonometria e da geometria, desenvolvendo técnicas e teoremas sofisticados que tiveram um impacto duradouro no pensamento matemático. Desde os antigos Sulba Sutras até às ideias pioneiras de estudiosos medievais como Madhava de Sangamagrama, os matemáticos indianos enriqueceram o estudo da trigonometria e da geometria com as suas ideias inovadoras e metodologias rigorosas.

Trigonometria:

- As raízes da trigonometria na Índia remontam ao período antigo, onde os conceitos trigonométricos eram utilizados na astronomia e na geometria.
- O matemático indiano Aryabhata introduziu as funções e tabelas trigonométricas na sua obra "Aryabhatiya", fornecendo métodos para calcular os valores do seno e do cosseno.
- Os matemáticos indianos desenvolveram métodos precisos para calcular valores trigonométricos e explorar identidades trigonométricas, lançando as bases para futuros avanços na trigonometria.

Geometria:

- A geometria indiana tem as suas origens em textos antigos, como os Sulba Sutras, que contêm construções geométricas e teoremas relacionados com altares ritualísticos e fogueiras.
- O matemático indiano Baudhayana formulou princípios geométricos, incluindo o teorema de Pitágoras e métodos para a construção de quadrados e rectângulos.
- A Escola de Matemática de Kerala, centrada entre os séculos XIV e XVI d.C., deu contributos significativos para a trigonometria geométrica, desenvolvendo expansões de séries infinitas para funções trigonométricas.

Os matemáticos indianos exploraram vários conceitos e teoremas geométricos, incluindo as propriedades dos círculos, polígonos e sólidos geométricos. Desenvolveram métodos para construções geométricas e provas, demonstrando um profundo conhecimento das relações e propriedades geométricas.

O legado da trigonometria e da geometria indianas estende-se para além das fronteiras da Índia, influenciando o pensamento matemático nas regiões vizinhas e não só. As ideias e técnicas desenvolvidas pelos matemáticos indianos foram incorporadas nas tradições matemáticas globais, moldando o curso da investigação matemática em diversos contextos culturais e intelectuais.

Em conclusão, os contributos dos matemáticos indianos para a trigonometria e a geometria são um testemunho do seu engenho intelectual e das suas capacidades matemáticas. Através das suas ideias inovadoras e metodologias rigorosas, os matemáticos indianos enriqueceram o estudo da trigonometria e da geometria, deixando uma marca indelével na tradição matemática mundial. As suas ideias continuam a inspirar académicos e matemáticos em todo o mundo, sublinhando a relevância intemporal da matemática indiana na busca do conhecimento e compreensão matemáticos.

2.5 Legado e impacto

O legado da matemática indiana é profundo e de grande alcance, deixando uma marca indelével na paisagem matemática global e influenciando diversos domínios de investigação. Dos textos antigos aos estudos modernos, os matemáticos indianos deram contributos duradouros que continuam a moldar a nossa compreensão da matemática e das suas aplicações. O legado da matemática indiana pode ser visto em vários aspectos:

Preservação do conhecimento matemático:

- Os matemáticos indianos documentavam meticulosamente as suas descobertas matemáticas em textos e tratados, assegurando a preservação e a transmissão do conhecimento matemático através das gerações.
- Textos indianos antigos, como o Sulba Sutras, o Aryabhatiya e o Lilavati, contêm conhecimentos valiosos sobre álgebra, geometria, trigonometria e astronomia, servindo como textos fundamentais para futuras investigações matemáticas.

Desenvolvimento de conceitos fundamentais:

- Os matemáticos indianos introduziram conceitos revolucionários como o zero, a notação decimal, o simbolismo algébrico e as funções trigonométricas, que lançaram as bases da aritmética, álgebra e trigonometria modernas.
- A introdução do zero transformou os sistemas numéricos e permitiu o desenvolvimento da notação algébrica, abrindo caminho para avanços na álgebra e na análise matemática.

Influência na matemática global:

- As contribuições dos matemáticos indianos espalharam-se para além do subcontinente indiano, influenciando o pensamento matemático em regiões vizinhas, como o mundo islâmico e a Europa.
- Os conceitos e técnicas matemáticos indianos, incluindo os métodos algébricos, os teoremas geométricos e os cálculos astronómicos, foram transmitidos a outras culturas através do comércio, do intercâmbio cultural e da tradução, moldando o desenvolvimento da matemática global.

Integração da Matemática e da Filosofia:

- A matemática indiana está profundamente ligada a investigações filosóficas sobre a natureza da realidade, da existência e da consciência, reflectindo uma visão holística do mundo que integra o raciocínio matemático com a contemplação espiritual.
- Conceitos como o infinito, o simbolismo geométrico e o misticismo numérico são temas recorrentes no pensamento matemático e filosófico indiano, enriquecendo ambas as disciplinas com conhecimentos mais profundos sobre os mistérios do universo.

Continuação da relevância e do renascimento:

- O legado da matemática indiana continua a inspirar os académicos e matemáticos contemporâneos, que exploram o seu significado histórico e a sua relevância para a investigação matemática moderna.
- Os esforços para reavivar e promover o estudo da matemática indiana, através de iniciativas educativas, projectos de investigação e eventos culturais, asseguram que o seu legado permanece vibrante e acessível às gerações futuras.

Em conclusão, o legado da matemática indiana caracteriza-se pelas suas profundas realizações intelectuais, riqueza cultural e impacto duradouro na tradição matemática global. Através das suas ideias inovadoras, metodologias rigorosas e profundas percepções filosóficas, os matemáticos indianos deixaram uma marca indelével na busca do conhecimento e compreensão matemáticos, inspirando académicos e matemáticos de todo o mundo a explorar a beleza e as complexidades da matemática em todas as suas formas.

Capítulo 3: Inovações algébricas

A álgebra, muitas vezes referida como a "linguagem da matemática", é um ramo fundamental da matemática que lida com símbolos e com as regras de manipulação desses símbolos para resolver equações e estudar estruturas matemáticas. Na Índia antiga, os matemáticos deram contributos significativos para a álgebra, lançando as bases de muitas técnicas e conceitos algébricos ainda hoje utilizados. Neste capítulo, aprofundamos a rica tapeçaria de inovações algébricas que emergiram do fermento intelectual do pensamento matemático da Índia antiga.

3.1 As primeiras raízes da álgebra

- As origens do pensamento algébrico na Índia remontam ao período védico, onde os conceitos numéricos e as operações aritméticas eram empregues em contextos ritualísticos.
- Os Sulba Sutras, textos antigos que remontam a cerca de 800 a.C., contêm construções geométricas e técnicas matemáticas que prefiguraram desenvolvimentos posteriores na álgebra.

3.2 Os conhecimentos algébricos de Aryabhata

- Aryabhata, um matemático pioneiro do século V d.C., fez contribuições significativas para a álgebra na sua obra seminal, o "Aryabhatiya".
- Aryabhata introduziu a notação e o simbolismo algébricos, fornecendo métodos concisos para exprimir ideias matemáticas e resolver equações.
- O seu trabalho em álgebra incluía soluções para equações quadráticas, fórmulas para calcular raízes quadradas e técnicas para resolver equações lineares.

3.3 Tratado algébrico de Brahmagupta

- Brahmagupta, um matemático do século VII d.C., desenvolveu ainda mais o campo da álgebra no seu tratado "Brahmasphutasiddhanta".
- Introduziu o conceito de zero como um espaço reservado numérico e desenvolveu regras para operações aritméticas com zero e números negativos.
- O trabalho de Brahmagupta sobre equações algébricas incluía soluções para equações quadráticas e métodos para resolver equações lineares indeterminadas.

3.4 Técnicas e métodos algébricos

- Os matemáticos indianos desenvolveram técnicas algébricas sofisticadas, incluindo métodos para resolver equações indeterminadas, sistemas de equações lineares e equações simultâneas.
- O conceito de identidades algébricas, como a diferença de quadrados e a soma de cubos, foi explorado e utilizado em vários contextos matemáticos.

3.5 O legado da álgebra indiana

- As inovações algébricas dos antigos matemáticos indianos lançaram as bases de muitas técnicas e conceitos algébricos ainda utilizados na matemática moderna.
- A introdução do zero e o desenvolvimento da notação algébrica revolucionaram o pensamento matemático e abriram caminho para futuros avanços na álgebra e em domínios relacionados.
- O legado da álgebra indiana é evidente na matemática contemporânea, com os conhecimentos dos matemáticos indianos a continuarem a inspirar académicos e profissionais em todo o mundo.

Neste capítulo, explorámos o rico legado de inovação algébrica que emergiu do cadinho intelectual do pensamento matemático da Índia antiga. Desde o trabalho pioneiro de Aryabhata sobre a notação algébrica até às ideias revolucionárias de Brahmagupta sobre o zero e os números negativos, as contribuições dos antigos matemáticos indianos continuam a moldar a paisagem da investigação algébrica e a inspirar as futuras gerações de matemáticos.

Capítulo 4: Tratados de trigonometria

A trigonometria, o ramo da matemática que se ocupa do estudo dos triângulos e das relações entre os seus lados e ângulos, tem uma história rica e diversificada na Índia antiga. Os matemáticos indianos deram contributos significativos para a trigonometria, desenvolvendo métodos sofisticados para o cálculo de funções trigonométricas, expansões de séries e observações astronómicas. Neste capítulo, exploramos a vibrante tradição dos tratados trigonométricos na matemática da Índia antiga, traçando a evolução da trigonometria desde as suas raízes nas práticas ritualísticas védicas até à sua aplicação na astronomia e não só.

4.1 Trigonometria védica: Ritual e Geometria

- As origens da trigonometria na Índia antiga remontam aos Vedas, onde os princípios geométricos e as ideias trigonométricas eram utilizados em contextos ritualísticos.
- Os Sulba Sutras, textos antigos que remontam a cerca de 800 a.C., contêm construções geométricas e medidas que demonstram uma compreensão precoce das relações trigonométricas, como o teorema de Pitágoras e as razões geométricas.

4.2 Madhava e a Escola de Kerala: Séries Trigonométricas

Madhava de Sangamagrama, um proeminente matemático da Escola de Matemática de Kerala, deu contributos inovadores para o estudo da trigonometria e do cálculo durante os séculos XIV e XVI. O trabalho de Madhava sobre séries trigonométricas lançou as bases para o desenvolvimento de expansões de séries infinitas, antecedendo em vários séculos as descobertas dos matemáticos europeus.

Madhava e os seus seguidores na Escola de Kerala desenvolveram métodos inovadores para aproximar funções trigonométricas utilizando séries infinitas. Uma das realizações mais significativas foi a descoberta por Madhava das expansões de séries de potências para funções trigonométricas como o seno, o cosseno e a arctangente. Estas séries, conhecidas como séries de Madhava ou séries da escola de Kerala, representavam as funções trigonométricas como somas infinitas de potências de uma variável, proporcionando uma abordagem sistemática ao seu cálculo.

Estas séries permitiram a aproximação de funções trigonométricas com um grau de precisão desejado, possibilitando cálculos mais precisos em vários contextos matemáticos e astronómicos.

O trabalho de Madhava sobre séries trigonométricas também lançou as bases para o desenvolvimento do cálculo. As suas técnicas de aproximação de funções utilizando séries infinitas permitiram vislumbrar os princípios fundamentais do cálculo, incluindo conceitos como a diferenciação e a integração. Embora Madhava e os seus contemporâneos não tenham formalizado estes conceitos da mesma forma que os matemáticos europeus, os seus conhecimentos sobre expansões de séries infinitas anteciparam em vários séculos os desenvolvimentos posteriores do cálculo.

As contribuições de Madhava e da Escola de Kerala para as séries trigonométricas e o cálculo representam um capítulo notável na história da matemática. Os seus métodos inovadores e as suas ideias pioneiras prefiguraram desenvolvimentos posteriores na matemática europeia e sublinharam a sofisticação do pensamento matemático na Índia medieval. O legado de Madhava e da Escola de Kerala continua a inspirar os matemáticos contemporâneos, servindo de testemunho da procura permanente do conhecimento e da compreensão matemáticos.

4.3 Trigonometria em Astronomia e Astrologia

- Os astrónomos indianos utilizavam técnicas trigonométricas para observações astronómicas, incluindo o cálculo de posições planetárias, eclipses e fenómenos celestes.
- O Surya Siddhanta, um antigo texto astronómico indiano, contém métodos trigonométricos para determinar as posições dos corpos celestes e prever eclipses com uma precisão notável.
- A trigonometria também encontrou aplicações na astrologia indiana, onde as posições planetárias e os alinhamentos celestes eram estudados para fazer previsões e interpretações astrológicas.

4.4 Aplicações Geométricas e Geodesia

Os matemáticos indianos têm uma rica tradição de aplicação de princípios geométricos a aplicações práticas, incluindo a geodesia - o estudo da forma, tamanho e campo gravitacional da Terra. Através de construções geométricas, medições e cálculos, os estudiosos indianos desenvolveram métodos sofisticados para o levantamento de terrenos, a conceção de estruturas arquitectónicas e a navegação em grandes distâncias.

Construções geométricas:

- Os antigos textos indianos, nomeadamente os Sulba Sutras, contêm instruções pormenorizadas sobre as construções geométricas utilizadas na conceção e construção de altares ritualísticos e de fogueiras.
- Estas construções implicavam medições precisas e princípios geométricos, como o teorema de Pitágoras, para garantir a exatidão e o alinhamento das estruturas.

Agrimensura e Medição de Terras:

- Os matemáticos indianos desenvolveram métodos de levantamento topográfico e de medição de distâncias utilizando princípios geométricos e instrumentos como o gnómon (sanku) e o astrolábio (yantra).
- As técnicas de medição de terras, conhecidas como "Bhugolana", consistiam em dividir o terreno em parcelas e calcular as suas áreas através de fórmulas geométricas e proporções.

Projeto de arquitetura:

- Os princípios geométricos desempenharam um papel crucial na conceção e construção de estruturas arquitectónicas, incluindo templos, monumentos e palácios.
- Os arquitectos indianos utilizaram formas geométricas, proporções e simetria para criar edifícios esteticamente agradáveis e estruturalmente sólidos, reflectindo a fusão da matemática e da arte na cultura indiana.

Geodesia e navegação:

- Os matemáticos indianos desenvolveram métodos para determinar a circunferência, o raio e a forma da Terra utilizando observações geométricas e astronómicas.
- As medições geodésicas, conhecidas como "Bhugolavedha", implicavam o cálculo das dimensões da Terra com base em observações de fenómenos celestes e das posições das estrelas e dos planetas.

As contribuições indianas para as aplicações geométricas e a geodesia tiveram um impacto profundo em vários aspectos da sociedade, incluindo a arquitetura, a engenharia e a navegação. Os métodos e técnicas sofisticados desenvolvidos pelos matemáticos indianos lançaram as bases para futuros avanços nestes domínios e contribuíram para as realizações culturais e científicas da antiga civilização indiana.

Além disso, os princípios geométricos e as técnicas de topografia indianos foram transmitidos a outras regiões através do comércio e do intercâmbio cultural, influenciando o desenvolvimento da matemática e da ciência em regiões vizinhas, como o mundo islâmico e o Sudeste Asiático. O legado das aplicações geométricas e da geodesia indianas continua a inspirar a investigação contemporânea em domínios como a geomática, a engenharia civil e a cartografia histórica, realçando a relevância duradoura do conhecimento matemático da Índia antiga no mundo moderno.

4.5 Legado e influência

- As contribuições dos antigos matemáticos indianos para a trigonometria tiveram um impacto duradouro na tradição matemática global, influenciando o desenvolvimento de técnicas e métodos trigonométricos em todo o mundo.
- As expansões das séries trigonométricas da Escola de Kerala revolucionaram a análise matemática e lançaram as bases para futuros desenvolvimentos em cálculo, séries de potências e física matemática.
- O legado duradouro da trigonometria indiana é evidente na sua aplicação contínua em diversos domínios, desde a astronomia e a engenharia à física e à informática.

Capítulo 5: Geometria e progressões geométricas

A geometria, o ramo da matemática que se ocupa das propriedades e relações das formas, figuras e espaços, tem sido uma pedra angular da investigação matemática desde a antiguidade. Na Índia, estudiosos de vários períodos deram contributos significativos para a geometria, desenvolvendo métodos sofisticados para construções geométricas, provando teoremas e explorando as propriedades das formas geométricas. Além disso, os matemáticos indianos aprofundaram o estudo das progressões geométricas, um conceito fundamental com aplicações em diversas áreas da matemática. Neste capítulo, exploramos a rica tradição da geometria e das progressões geométricas na matemática indiana.

5.1 Fundamentos antigos da geometria

- As origens do pensamento geométrico na Índia remontam aos Sulba Sutras, textos antigos que fornecem instruções para construções geométricas relacionadas com altares ritualísticos e fogueiras.
- Os princípios geométricos encontrados nos Sulba Sutras incluem o teorema de Pitágoras, a proporcionalidade geométrica e métodos de construção de quadrados e rectângulos.

5.2 Avanços nas construções geométricas

- Os matemáticos indianos desenvolveram métodos sofisticados para construções geométricas, incluindo as que envolvem círculos, polígonos e outras formas geométricas.
- Os trabalhos de matemáticos como Baudhayana e Apastamba lançaram as bases para as construções geométricas e forneceram conhecimentos sobre as propriedades das figuras geométricas.

5.3 A escola de Kerala e as progressões geométricas

- Os académicos da Escola de Matemática de Kerala deram contributos significativos para o estudo das progressões geométricas, também conhecidas como sequências ou séries.
- Madhava de Sangamagrama e os seus seguidores desenvolveram métodos para calcular expansões de séries infinitas, incluindo as de funções trigonométricas,

utilizando técnicas como a série de Taylor.

5.4 Teoremas e provas geométricas

- Os matemáticos indianos formularam e provaram numerosos teoremas geométricos, demonstrando um profundo conhecimento das relações e propriedades geométricas.
- As obras de académicos como Aryabhata, Brahmagupta e Bhaskara II contêm provas de teoremas e proposições geométricas, ilustrando a sua perspicácia matemática e capacidade de raciocínio dedutivo.

5.5 Aplicações da Geometria

- Os princípios geométricos desenvolvidos pelos matemáticos indianos encontraram aplicações em diversos domínios, incluindo a arquitetura, a astronomia e a topografia.
- As construções geométricas foram utilizadas na conceção de templos, monumentos e outras estruturas arquitectónicas, reflectindo a fusão da matemática e da arte na cultura indiana.

5.6 Legado e impacto

- As contribuições dos matemáticos indianos para a geometria e as progressões geométricas continuam a influenciar a matemática moderna e as suas aplicações.
- Os conhecimentos e técnicas geométricos desenvolvidos pelos antigos estudiosos indianos lançaram as bases para futuros avanços na geometria, abrindo caminho para o desenvolvimento da geometria analítica, da geometria diferencial e de outros ramos da matemática.

Capítulo 6: Astronomia matemática

A astronomia, o estudo dos objectos e fenómenos celestes, tem sido um ponto fulcral da curiosidade e investigação humanas desde a antiguidade. Na Índia antiga, a procura de conhecimentos astronómicos atingiu níveis notáveis, com os estudiosos a darem contributos inovadores para a compreensão do movimento planetário, dos fenómenos celestes e da astronomia matemática. Neste capítulo, aprofundamos a rica tradição da astronomia matemática na Índia, explorando as ideias e metodologias pioneiras desenvolvidas pelos antigos astrónomos indianos.

6.1 Tradições astronómicas antigas

- As origens da astronomia indiana remontam ao período védico, em que as observações astronómicas faziam parte integrante dos rituais religiosos e das crenças cosmológicas.
- Os Vedas contêm hinos e versos que reflectem os primeiros conhecimentos astronómicos, incluindo observações de corpos celestes e a natureza cíclica do tempo.

6.2 Siddhantas: Tratados Astronómicos

- Os Siddhantas, antigos tratados astronómicos compostos por astrónomos indianos, representam o culminar dos conhecimentos astronómicos e das técnicas matemáticas.
- Os Siddhantas notáveis incluem o Surya Siddhanta, o Brahmasphutasiddhanta e o Siddhanta Shiromani, que abordam temas como o movimento planetário, os eclipses e os cálculos celestes.

6.3 Aryabhata e Astronomia Siddhantic

- Aryabhata, um matemático e astrónomo pioneiro do século V d.C., deu contributos significativos para a astronomia siddhantica na sua obra, o Aryabhatiya.
- Aryabhata propôs um modelo heliocêntrico do sistema solar, em que a Terra gira sobre o seu eixo e orbita o Sol, antecipando as teorias astronómicas posteriores.
- Os seus cálculos das posições planetárias e dos eclipses forneceram métodos

precisos de previsão de acontecimentos celestes e contribuíram para o aperfeiçoamento das observações astronómicas.

6.4 Instrumentos astronómicos indianos

- Os astrónomos indianos desenvolveram instrumentos sofisticados para observar os fenómenos celestes, incluindo o gnómon (sanku), o astrolábio (yantra) e o relógio de água (ghadiyantra).
- Estes instrumentos eram utilizados para medir o tempo, determinar as posições das estrelas e dos planetas e realizar observações astronómicas com precisão.

6.5 A Escola de Kerala e a Astronomia Matemática

- A Escola de Matemática de Kerala, centrada entre os séculos XIV e XVI d.C., fez avanços significativos na astronomia matemática.
- Estudiosos como Madhava de Sangamagrama e Nilakantha Somayaji desenvolveram métodos precisos para calcular posições planetárias, eclipses lunares e outros fenómenos celestes utilizando expansões de séries infinitas e técnicas geométricas.

6.6 Legado e impacto

- As contribuições dos astrónomos indianos para a astronomia matemática tiveram um impacto duradouro neste domínio, influenciando os desenvolvimentos subsequentes em astronomia e cosmologia.
- O conhecimento astronómico indiano espalhou-se por outras regiões, incluindo o mundo islâmico e a Europa, através das rotas comerciais e do intercâmbio cultural, moldando o curso da investigação astronómica global.

Neste capítulo, explorámos a rica tradição da astronomia matemática na Índia, traçando as suas origens desde as antigas tradições védicas até às sofisticadas técnicas matemáticas desenvolvidas por estudiosos como Aryabhata e a Escola de Kerala. Os conhecimentos e as metodologias dos astrónomos indianos continuam a inspirar espanto e admiração, servindo de testemunho da busca permanente de conhecimento e compreensão do cosmos.

Capítulo 7: Filosofia matemática

A filosofia matemática na Índia é uma tapeçaria profunda e intrincada que entrelaça conceitos matemáticos com investigações filosóficas sobre a natureza da realidade, da existência e do conhecimento. Desde textos antigos a tratados medievais, os estudiosos indianos exploraram as profundas ligações entre a matemática e a filosofia, reconhecendo a harmonia inerente entre o reino abstrato dos números e a busca filosófica da verdade e da compreensão. Neste capítulo, mergulhamos na rica tradição da filosofia matemática na Índia, explorando as vertentes entrelaçadas do raciocínio matemático e da contemplação filosófica.

7.1 A matemática na filosofia indiana

- As tradições filosóficas indianas, como o Vedanta, o Nyaya e o Yoga, incorporam conceitos matemáticos e simbolismo como metáforas para compreender a natureza da realidade e da consciência.
- Os Upanishads, antigos textos filosóficos que remontam a cerca de 800 a.C., contêm simbolismo numérico e metáforas matemáticas que elucidam verdades espirituais e princípios cósmicos.

7.2 Numerologia e simbolismo

- A numerologia, o estudo do significado místico dos números, é um aspeto integrante do pensamento filosófico indiano.
- A utilização do simbolismo numérico em textos como os Vedas e os Puranas reflecte a crença no significado cósmico dos números e a sua ligação à ordem divina do universo.

7.3 Raciocínio matemático e lógica

- As escolas filosóficas indianas, como a Nyaya e a Vaisheshika, desenvolveram sistemas rigorosos de lógica e raciocínio, que lançaram as bases da lógica matemática e do raciocínio dedutivo.
- Os Nyaya Sutras, compostos por Gautama por volta do século II a.C., fornecem regras para a inferência lógica e o debate, antecipando desenvolvimentos posteriores na lógica formal.

7.4 O infinito e o infinito

- A filosofia indiana debate-se com o conceito de infinito, reconhecendo-o como um aspeto fundamental da existência e da consciência.
- As discussões matemáticas sobre o infinito em textos como o Yoga Vasistha e o Advaita Vedanta exploram a natureza infinita do eu (Atman) e a sua relação com o todo cósmico (Brahman).

7.5 Geometria e Geometria Sagrada

- A geometria tem um significado especial no pensamento filosófico indiano, com formas e padrões geométricos que servem como representações simbólicas de princípios cósmicos e verdades espirituais.
- A geometria sagrada, tal como exemplificada na conceção de mandalas, yantras e na arquitetura dos templos, reflecte a crença na interligação dos reinos físico e metafísico.

7.6 O legado da filosofia matemática

- O entrelaçamento da matemática e da filosofia no pensamento indiano deixou um legado duradouro, influenciando diversos domínios como a metafísica, a epistemologia e a estética.
- A visão holística do mundo da filosofia indiana continua a inspirar a investigação e a exploração interdisciplinares, promovendo uma apreciação mais profunda das profundas ligações entre a matemática, a filosofia e a procura humana de significado e compreensão.

Capítulo 8: Legado e influência

O legado da matemática indiana é um testemunho do impacto duradouro dos antigos académicos, cujas ideias continuam a ressoar em todas as culturas e disciplinas. Desde realizações pioneiras em álgebra e geometria a contribuições inovadoras em astronomia e filosofia, os matemáticos indianos deixaram uma marca indelével na paisagem matemática global. Neste capítulo final, exploramos a influência de longo alcance da matemática indiana e o seu legado duradouro no mundo da matemática e não só.

8.1 Transmissão de conhecimentos

- O conhecimento matemático indiano espalhou-se pelas regiões vizinhas através das rotas comerciais e do intercâmbio cultural, influenciando as tradições matemáticas da China, do mundo islâmico e do Sudeste Asiático.
- As traduções dos textos matemáticos indianos para árabe e persa facilitaram a divulgação dos conceitos e técnicas matemáticas indianas aos estudiosos do mundo islâmico, que desenvolveram e alargaram essas ideias.

8.2 Álgebra e notação numérica

- A introdução do zero e da notação decimal de valor posicional revolucionou os sistemas numéricos e lançou as bases da aritmética e da álgebra modernas.
- As técnicas algébricas indianas, incluindo soluções para equações quadráticas e métodos para resolver equações indeterminadas, foram transmitidas à Europa e desempenharam um papel crucial no desenvolvimento da matemática europeia durante a Idade Média e o Renascimento.

8.3 Geometria e Trigonometria

- As construções e os teoremas geométricos indianos influenciaram o desenvolvimento da geometria tanto no mundo islâmico como na Europa, tendo estudiosos como Al-Khwarizmi e Euclides recorrido aos princípios geométricos indianos nas suas obras.
- Os conceitos trigonométricos indianos, incluindo as funções seno e cosseno, foram transmitidos ao mundo islâmico e à Europa, onde se tornaram componentes integrais da trigonometria e das técnicas de navegação.

8.4 Conhecimento astronómico e investigação científica

- Os conhecimentos astronómicos indianos, incluindo métodos precisos de cálculo das posições planetárias e dos eclipses, influenciaram astrónomos islâmicos como Al-Biruni e astrónomos europeus como Johannes Kepler e Nicolau Copérnico.
- Os contributos da Escola de Kerala para o cálculo e as expansões de séries infinitas prefiguraram os desenvolvimentos da matemática europeia, com académicos como Isaac Newton e Gottfried Wilhelm Leibniz a redescobrirem independentemente técnicas semelhantes séculos mais tarde.

8.5 Legado cultural e filosófico

- A visão holística do mundo da matemática indiana, que integra o raciocínio matemático com a investigação filosófica e a contemplação espiritual, continua a inspirar a investigação e a exploração interdisciplinares.
- Os conceitos matemáticos e o simbolismo indianos, como o conceito de infinito e as metáforas geométricas para os princípios cósmicos, penetraram em diversas tradições culturais e intelectuais, moldando a forma como compreendemos o universo e o nosso lugar nele.

8.6 Revivalismo contemporâneo e reconhecimento

- Nos últimos anos, tem-se registado um interesse renovado no estudo e apreciação da matemática indiana, tanto na Índia como na cena mundial.
- Os esforços para preservar e promover o património matemático da Índia, através de iniciativas educativas, projectos de investigação e eventos culturais, estão a fomentar uma compreensão mais profunda da matemática indiana e da sua relevância para os estudos contemporâneos.

Capítulo 9: Renascimento e reconhecimento

Nos últimos anos, tem-se registado um ressurgimento do interesse pelo estudo e apreciação da matemática indiana, tanto na Índia como na cena mundial. O renascimento do interesse pela matemática indiana é alimentado por um reconhecimento crescente do seu significado histórico, bem como da sua relevância para os estudos e a educação contemporâneos. Neste capítulo, exploramos os esforços para reavivar e promover a matemática indiana, bem como o reconhecimento que obteve no mundo moderno.

9.1 Iniciativas educativas

- Na Índia, tem sido dada uma ênfase renovada à incorporação do património matemático indiano nos currículos escolares, com esforços para apresentar aos estudantes os contributos dos antigos matemáticos indianos.
- As instituições de ensino e as organizações de investigação organizaram workshops, seminários e programas de divulgação para promover o estudo da matemática indiana entre estudantes e educadores.

9.2 Investigação e bolsas de estudo

- Estudiosos e investigadores de todo o mundo estão empenhados em estudar e documentar os contributos dos matemáticos indianos para vários domínios, incluindo a álgebra, a geometria, a astronomia e a filosofia.
- Os projectos de investigação interdisciplinares exploram as intersecções entre a matemática indiana e outras disciplinas, lançando luz sobre o seu significado cultural e intelectual mais vasto.

9.3 Eventos culturais e exposições

- Os festivais culturais e as exposições mostram a riqueza e a diversidade do património matemático indiano, com exposições de manuscritos antigos, artefactos e instrumentos matemáticos.
- Palestras públicas, conferências e demonstrações educam o público sobre o contexto histórico e a relevância contemporânea da matemática indiana.

9.4 Colaboração internacional

- A colaboração entre académicos indianos e internacionais promove o intercâmbio cultural e a compreensão mútua, enriquecendo o estudo da matemática indiana com diversas perspectivas e metodologias.

- As conferências e simpósios internacionais proporcionam plataformas para os académicos apresentarem a sua investigação, partilharem conhecimentos e estabelecerem colaborações no domínio da matemática indiana.

9.5 Reconhecimento e prémios

- Os matemáticos e académicos indianos que deram contributos significativos para o estudo da matemática indiana são reconhecidos e homenageados com prémios e distinções.
- Instituições e organizações, tanto na Índia como no estrangeiro, celebram as realizações dos matemáticos indianos e promovem o seu trabalho junto de um público mais vasto.

9.6 Direcções futuras

- O renascimento da matemática indiana abre novos caminhos para a investigação, exploração e inovação, à medida que os estudiosos procuram descobrir jóias escondidas no património matemático da Índia.
- Ao integrar os conceitos e as técnicas matemáticas indianas no ensino e na investigação matemáticos contemporâneos, garantimos que o legado da matemática indiana continua a inspirar as futuras gerações de matemáticos e académicos.

Capítulo 10: Conclusão

A viagem através da paisagem da matemática indiana tem sido uma exploração fascinante das realizações intelectuais, da riqueza cultural e do legado duradouro dos antigos académicos indianos. Desde as primeiras raízes do pensamento matemático nos rituais védicos até aos sofisticados tratados dos períodos clássico e medieval, a matemática indiana evoluiu como uma vibrante tapeçaria de ideias, inovações e profundas reflexões filosóficas. Neste capítulo final, reflectimos sobre os temas e contributos gerais da matemática indiana e consideramos a sua relevância no mundo contemporâneo.

10.1 Património e tradição

- A matemática indiana está imbuída de um profundo sentido de património e tradição, enraizado em milénios de investigação intelectual, intercâmbio cultural e exploração espiritual.
- Os conhecimentos matemáticos dos antigos sábios indianos, preservados em textos e manuscritos, são um testemunho do engenho e da criatividade do intelecto humano ao longo das gerações.

10.2 Inovação e descoberta

- Os matemáticos indianos deram contribuições pioneiras para vários ramos da matemática, incluindo a álgebra, a geometria, a trigonometria e a astronomia.
- O desenvolvimento de técnicas e metodologias inovadoras, como a introdução do zero, a formulação da notação algébrica e o aperfeiçoamento dos cálculos astronómicos, sublinha o espírito de inovação e descoberta que permeia a tradição matemática indiana.

10.3 Integração da Matemática e da Filosofia

- A matemática indiana caracteriza-se pela sua estreita integração com as investigações filosóficas sobre a natureza da realidade, da existência e da consciência.
- Conceitos como o infinito, a natureza cíclica do tempo e o simbolismo geométrico servem de pontes entre o raciocínio matemático e a contemplação filosófica, enriquecendo ambas as disciplinas com conhecimentos mais

profundos sobre os mistérios do universo.

10.4 Influência e reconhecimento globais

A influência da matemática indiana estende-se muito para além das fronteiras do subcontinente indiano, moldando o curso da investigação matemática e inspirando académicos de todo o mundo. Os matemáticos indianos deram contributos significativos para vários ramos da matemática, incluindo a álgebra, a geometria, a trigonometria e o cálculo, deixando uma marca indelével na tradição matemática mundial. As suas ideias inovadoras, metodologias rigorosas e conhecimentos profundos têm merecido o reconhecimento e a apreciação de todas as culturas e disciplinas.

Transmissões e intercâmbio cultural:

- O conhecimento matemático indiano espalhou-se pelas regiões vizinhas através de rotas comerciais, intercâmbios culturais e interacções com estudiosos de diversas origens.
- As traduções de textos matemáticos indianos para árabe, persa e outras línguas facilitaram a divulgação dos conceitos e técnicas matemáticas indianas no mundo islâmico, onde foram desenvolvidos e alargados.

Influência na matemática islâmica:

- A matemática indiana teve uma profunda influência na matemática islâmica durante a Idade de Ouro islâmica, com textos matemáticos indianos a serem traduzidos e estudados por académicos islâmicos.
- As técnicas algébricas, os princípios geométricos e os cálculos astronómicos indianos influenciaram o desenvolvimento da matemática islâmica, nomeadamente em domínios como a álgebra, a trigonometria e a astronomia.

Impacto na matemática europeia:

- As ideias matemáticas indianas chegaram à Europa através de traduções de textos árabes durante a Idade Média e o Renascimento, contribuindo para o desenvolvimento da matemática europeia.
- Os contributos indianos para a álgebra, a geometria, a trigonometria e o cálculo influenciaram matemáticos europeus como Fibonacci, Leonardo de Pisa e, mais tarde, estudiosos da Revolução Científica.

O reconhecimento na academia moderna:

- Nos últimos anos, tem havido um reconhecimento crescente das contribuições dos matemáticos indianos para a tradição matemática global, com académicos e investigadores a explorarem o significado histórico e a relevância do conhecimento matemático indiano.
- Iniciativas educativas, projectos de investigação e eventos culturais promovem o estudo e a apreciação da matemática indiana, assegurando que o seu legado permanece vibrante e acessível às gerações futuras.

Em conclusão, a influência e o reconhecimento globais da matemática indiana sublinham a sua relevância e significado duradouros na história da matemática. Os matemáticos indianos enriqueceram a tradição matemática mundial com as suas ideias inovadoras, metodologias rigorosas e conhecimentos profundos, inspirando académicos e matemáticos de todas as culturas e gerações. Ao celebrarmos as contribuições da matemática indiana para o conhecimento e a compreensão humana, honramos o legado dos antigos académicos indianos cujas realizações intelectuais continuam a inspirar-nos e a iluminar-nos atualmente.

10.5 Reavivamento e relevância

Nos últimos anos, tem-se verificado um renascimento do interesse pela matemática indiana, impulsionado por um reconhecimento crescente do seu significado histórico e da sua relevância para os estudos e a educação contemporâneos. Os esforços para reavivar e promover o estudo da matemática indiana abrangem um vasto leque de iniciativas destinadas a preservar o seu legado, a fomentar a investigação académica e a inspirar as futuras gerações de matemáticos e académicos.

Iniciativas educativas:

- As instituições de ensino na Índia e no estrangeiro estão a incorporar o património matemático indiano nos currículos escolares, apresentando aos estudantes os contributos dos antigos matemáticos indianos.
- São organizados workshops, seminários e programas de divulgação para promover o estudo da matemática indiana entre estudantes e educadores, fomentando uma apreciação mais profunda do seu significado cultural e intelectual.

Investigação e estudos académicos:

- Estudiosos e investigadores de todo o mundo estão empenhados em estudar e documentar os contributos dos matemáticos indianos para vários domínios, incluindo a álgebra, a geometria, a trigonometria e o cálculo.
- Os projectos de investigação interdisciplinares exploram as intersecções entre a matemática indiana e outras disciplinas, lançando luz sobre os seus contextos culturais, históricos e científicos mais amplos.

Eventos culturais e exposições:

- Festivais culturais, exposições e mostras de museus apresentam a riqueza e a diversidade do património matemático indiano, com manuscritos antigos, artefactos e instrumentos matemáticos.
- As palestras, conversas e demonstrações públicas educam o público sobre o contexto histórico e a relevância contemporânea da matemática indiana, promovendo uma compreensão e apreciação mais profundas do seu legado.

Colaboração internacional:

- A colaboração entre académicos indianos e internacionais promove o intercâmbio cultural e a compreensão mútua, enriquecendo o estudo da matemática indiana com diversas perspectivas e metodologias.
- Conferências internacionais, simpósios e redes académicas proporcionam plataformas para os académicos apresentarem a sua investigação, partilharem conhecimentos e estabelecerem colaborações no domínio da matemática indiana.

Reconhecimentos e prémios:

- Os matemáticos e académicos indianos que deram contributos significativos para o estudo da matemática indiana são reconhecidos e homenageados com prémios, distinções e bolsas de estudo.

- Instituições e organizações, tanto na Índia como no estrangeiro, celebram as realizações dos matemáticos indianos e promovem o seu trabalho junto de um público mais vasto.

Em conclusão, o renascimento e a relevância da matemática indiana são componentes vitais da preservação e promoção do rico património cultural e intelectual da Índia. Através de iniciativas educativas, esforços de investigação, eventos culturais e colaboração internacional, asseguramos que o legado da matemática indiana permanece vibrante e acessível às gerações futuras. Ao abraçar e celebrar as contribuições dos antigos académicos indianos, honramos os seus feitos intelectuais e inspiramos as novas gerações de matemáticos e académicos a explorar a beleza e as complexidades da matemática indiana no mundo moderno.

Bibliografia

1. https://www.geeksforgeeks.org/indian-mathematicians-from-ancient-to-modern-india/
2. https://www.thinkiit.in/indian-mathematicians/
3. https://curioustimes.in/ancient-indias-pioneering-math-contributions/
4. https://drarchikadidi.com/national-mathematics-day/
5. https://www.jagranjosh.com/general-knowledge/list-of-famous-indian-mathematicians-ffom-ancient-to-modern-india-1498193066-1
6. https://cloudxlab.com/blog/9-indian-mathematicians-who-transformed-the-normas-do-conhecimento-agora-sobre-nós/
7. https://testbook.com/ias-preparation/indian-mathematicians-and-their-contribuições
8. https://leverageedu.com/blog/famous-indian-mathematicians/

Printed by Books on Demand GmbH, Norderstedt / Germany